BEI GRIN MACHT SICH IHR WISSEN BEZAHLT

- Wir veröffentlichen Ihre Hausarbeit, Bachelor- und Masterarbeit

- Ihr eigenes eBook und Buch - weltweit in allen wichtigen Shops

- Verdienen Sie an jedem Verkauf

Jetzt bei www.GRIN.com hochladen und kostenlos publizieren

Alice Neht

Internationalisierung im Einzelhandel

Gründe, Strategien und Standorte

GRIN Verlag

Bibliografische Information der Deutschen Nationalbibliothek:

Die Deutsche Bibliothek verzeichnet diese Publikation in der Deutschen National-
bibliografie; detaillierte bibliografische Daten sind im Internet über http://dnb.d-
nb.de/ abrufbar.

Impressum:

Copyright © 2012 GRIN Verlag GmbH
Druck und Bindung: Books on Demand GmbH, Norderstedt Germany
ISBN: 978-3-656-63762-2

Dieses Buch bei GRIN:

http://www.grin.com/de/e-book/271680/internationalisierung-im-einzelhandel

GRIN - Your knowledge has value

Der GRIN Verlag publiziert seit 1998 wissenschaftliche Arbeiten von Studenten, Hochschullehrern und anderen Akademikern als eBook und gedrucktes Buch. Die Verlagswebsite www.grin.com ist die ideale Plattform zur Veröffentlichung von Hausarbeiten, Abschlussarbeiten, wissenschaftlichen Aufsätzen, Dissertationen und Fachbüchern.

Besuchen Sie uns im Internet:

http://www.grin.com/

http://www.facebook.com/grincom

http://www.twitter.com/grin_com

RWTH Aachen
Institut für Geographie

Seminar: Geographische Handelsforschung
Sommersemester 2012
Hausarbeit zum 13.06.2012

Internationalisierung im Einzelhandel: Gründe, Strategien und Standorte

Alice D.-F. Neht
M. Sc. Wirtschaftsgeographie
2. Fachsemester

Inhalt

Abbildungsverzeichnis

Tabellenverzeichnis

1 Einleitung

Schon während der Industrialisierung, in der zweiten Hälfte des 19. Jahrhunderts, war Internationalisierung im Einzelhandel (EH) beispielsweise durch holländische Handelskompanien bekannt. Diese Fernhandelshäuser unterhielten ein weltweites Netz von Handelsbeziehungen. Die damalige funktionale Form des EH erfolgte als wirtschaftliche Betätigung der Beschaffung und des Absatzes von Gütern zumeist ohne Be- und Verarbeitung. Während heute von einer institutionellen Form des EH gesprochen wird. Das heißt, dass heute Einzelhandelsunternehmen fast ausschließlich den Handel im funktionellen Sinn betreiben und somit als reine Handelsunternehmung fungieren. In der amtlichen Statistik werden dem Handel Unternehmen und Betriebe zugeordnet, wenn sich der größte Teil ihrer Wertschöpfung aus der Handelstätigkeit ergibt (vgl. SWOBODA U. FOSCHT 2012:o.S.; SCHWARZ 2009:9).

Aus der frühen Zeit der Internationalisierung sind einige Marken noch bis heute bekannt. Der italienische Herrenschneider Nino Cerrutti eröffnete 1881 eine Filiale in Paris und führt aktuell dieses Jahr seiner Internationalisierung auch in seinem Namen: Cerutti 1881. Ein frühes Beispiel der Internationalisierung mit größerem räumlichem Ausmaß ist das Unternehmen des Briten Thomas Lipton. Dieser erweiterte sein Filialnetz aus Kaffe-, Tee- und Weingeschäften zu Beginn des 20. Jahrhunderts von Großbritannien über die USA, Frankreich, Deutschland und Australien. Zwar könnte man an dieser Stelle noch weitere Unternehmen anführen, doch bleibt die Internationalisierung zur damaligen Zeit eine Ausnahme (vgl. HAHN U. POPP 2006:138).

„Auch wenn es frühe Beispiele der Internationalisierung im Einzelhandel gibt, so galt der Einzelhandel im Vergleich zu anderen Wirtschaftszweigen lange als stark lokal orientiert."(HAHN U. POPP 2006:135). Für viele deutsche Unternehmen stand zunächst die Marktsättigung des Heimatmarktes im Vordergrund bis allerdings in den 1990er Jahren ein Internationalisierungsboom losbrach (vgl. HAHN U. POPP 2006:146). Von circa 1500 Markteintritten ausländischer Unternehmen in die nationalen Märkte Europas, die man seit 1960 registriert hat, entfielen 600 auf die erste Hälfte der 1990er Jahre (vgl. SCHRÖDER 1999:90). Im Vergleich zu produzierenden Unternehmen erweiterte der EH zeitversetzt seine traditionell beschaffungsseitige Internationalisierung in Richtung absatzseitiger Auslandsbetätigung. Mittlerweile erwirtschaften Unternehmen, wie Carrefour und Metro, über 50% ihres Umsatzes im Ausland und betätigen sich hierbei auf über 30 Auslandsmärkten (vgl. SWOBODA U.

SCHWARZ 2006:163). Diese Trend ist als grober Rahmen der Entwicklung des EH zu sehen. Die Eigenheiten des EH und seiner Entwicklung ergeben die Herausforderung zur spezifischen Auseinandersetzung mit dem Thema *Internationalisierung im EH*. In der vorliegenden Arbeit wird Internationalisierung folgendermaßen definiert:

> *"Internationalisation may be defined as the entrepreneurial process of the firm's be coming integrated in international economic activities. The term integration covers cases of both push and pull factors, and provides a more comprehensive formulation, seeing the global economy as pre-existing and offering resources to the firm that acts upon entrepreneurial learning insight."* (MATHEWS U. ZANDER 2007:396)

Internationalisierung existiert seit 120 Jahren, doch hat sich ihre Form und Dynamik verändert. Internationale Einzelhändler stehen vor zahlreichen Herausforderungen und nicht alle Schritte der Internationalisierung verlaufen erfolgreich (vgl. HAHN U. POPP 2006:135).

Daher ist es in der Wirtschaftsgeographie von Interesse zu verstehen, warum Einzelhändler in fremde Märkte eintreten, welche Push- und Pull-Faktoren hierbei ausschlaggebend sind, welche Strategien sie verfolgen und welche Standorte gewählt werden (vgl. COE U. HESS 2005:449). Dieser Frage nach ergibt sich auch der Aufbau der folgenden Arbeit. Zunächst werden in Kapitel 2 die Spezifika international agierender Unternehmen und die Hintergründe der Internationalisierung dargestellt, woraufhin auf die Gründe eines Unternehmens im EH für den Schritt ins Ausland und mögliche Strategien in Kapitel 4 beschrieben werden. In Bezug auf die Standorte wird zunächst die Herkunft der international agierenden Unternehmen, die Verortung ihrer Umsätze, die Dynamik ihrer Standortauswahl und letztendlich die möglichen Auswirkungen der Internationalisierung auf den Zielmarkt beleuchtet. Im Fazit werden die Schlüsselaspekte des Themas zusammengefasst.

2 Internationalisierung im Kontext

2.1 Die Besonderheiten international agierender Unternehmen im EH

Im Folgenden wird nun auf die Spezifika von international agierenden Unternehmen im EH eingegangen.

Der EH ist ein lokal verankerter Wirtschaftszweig, der im direkten Umfeld des Kunden in Zielland präsent sein muss und daher eine starke Lokalität der Marktbearbeitung verfolgt. CONRADI (1999:44) stellt fest, dass ein Handelsunternehmen bis zu einem bestimmten Grade *„selbst integraler Bestandteil des Gemeinwesens (wird), mit dem man Geschäfte machen möchte"*.

Für den EH typische Merkmale lassen sich im Vergleich mit der Industrie anschaulich herausstellen. Prägnant für den EH ist die Anzahl der Verkaufsstätten. Diese können trotz räumlicher Verteilung (bspw. auf verschiedenen Kontinenten) gleichzeitig eine Netzwerkcharakteristik ausweisen, die nicht in den Wirtschaftsbeziehungen der Industrie zu finden ist. Weiterhin ist die Verkaufsstätte Teil des Produkts im EH. Sie steht für die internationalen Aktivitäten des jeweiligen Unternehmens und kann verschiedene Formen und Attribute annehmen, die sich nur schwerlich vor Imitation durch Konkurrenten schützen lässt. Die Fabrik eines Industrieunternehmers hingegen, steht unabhängig vom Produkt. Die Betätigung im internationalem Kontext bedingt im EH die Verortung von Kapital- und Managementleistungen ins Ausland, dahingegen werden Exportaktivitäten in der Industrie, wie im Versandhandel, gesteuert. Unternehmen im EH haben außerdem eine hohe Anzahl von Lieferanten, die auf durch jede zusätzliche Verkaufsstätte neu koordiniert oder dem jeweiligen Marktgegebenheiten vor Ort angepasst werden müssen. Zu diesen Marktgegebenheiten zählen folglich auch die lokalen Konsumgewohnheiten und Kaufverhaltensweisen, die beachtet werden müssen (vgl.SWOBODA U. FOSCHT 2012:o.S.; DAWSON 2007:382ff.).

Zusammenfassend ergibt sich aus den Merkmalen des EH eine spezifische Risikostruktur, da die absatzseitige Internationalisierung im EH während der frühen Phase der Markterschließung und damit vor der Aufnahme des Geschäftsbetriebs grenzüberschreitende Direktinvestitionen erfordert, um Verkaufsstätten und eine abgestimmte Warenlogistik im Zielland zu implementieren (vgl. TURBAN U. WOLF 2008:4).

Wie in Tabelle 1 zu sehen, sind die 10 größten Einzelhändler, gemessen an ihrem jährlichen Umsatz, folgende Unternehmen:

Tabelle 1 Wirt. Konzentration der zehn größten Einzelhandelsunternehmen in 2009 (Quelle: verändert nach DELOITTE 2011:16)

Rang	Bezeichnung	Herkunftsland	Umsätze in Mrd. USD in 2009	Jährl. Umsatzsteigerung 2004-2009 in %
1	Wal-Mart Stores, Inc.	USA	405,04	7,3
2	Carrefour S.A.	Frankreich	119,88	3,4
3	Metro AG	Deutschland	90,85	3
4	Tesco	Großbritannien	90,43	10,9
5	Schwarz Unternehmens Treuhand KG	Deutschland	77,22	9,8
6	The Kroger Co.	USA	76,73	6,3
7	Costco Wholesale Corp.	USA	69,88	8,2
8	Aldi Einkauf GmbH & Co ohG	Deutschland	67,7	6,3
9	The Home Depot, Inc.	USA	66,17	-2
10	Target Corp.	USA	63,43	6,8
	Top Ten insgesamt		1.127.381	

Das obige Ranking bezieht sich auf die 250 größten Einzelhandelsunternehmen der Welt und lässt daher folgenden Schluss zu, dass eine Konzentration des Umsatzes der zehn größten Einzelhandelsunternehmen von 30% des Umsatzes der 250 größten Einzelhandelsunternehmen weltweit gegeben ist und, dass die weltweit größten Handelsunternehmen hauptsächlich in den USA und West-Europa beheimatet sind. Die Bedeutung der Handelstätigkeit zeigt sich am eindrucksvollsten im Vergleich mit anderen Wirtschaftsbereichen. Von den zehn größten Einzelhandelsunternehmen zählen die ersten sieben auch zu den 100 größten Wirtschaftsunternehmen auf der Welt (vgl. KACZMAREK 2009:14).

2.2 Hintergründe der Internationalisierung

Die Internationalisierung des Einzelhandels ist ein Teil des Prozesses der Globalisierung. Diese gilt als beeinflussendes Element des wirtschaftlichen Strukturwandels (vgl. KULKE U. PÄTZOLD 2009:7; KACZMAREK 2009:15). Die *„dynamisierende Wirkung der Globalisierung im Einzelhandel"* (KACZMAREK 2009:29) lässt sich anhand des folgenden Vergleichs darstellen. Im Zeitraum 2001 bis 2007 erzielten die Unternehmen, die auf ein bis zwei Märkten agierten, eine Umsatzsteigerung von durchschnittlichen 8,7%, während Unternehmen, die auf mindestens 10 Märkten tätig waren eine Steigerung von 10% erreichten. Gleichzeitig verzeichneten Konzerne, die nur auf dem heimischen Markt tätig sind einen Jahresüberschuss von 3,1% des Gewinns. Unterdessen erreichten transnationale Unternehmen einen Jahresüberschuss von 4,7% (vgl. KACZMAREK 2009:29).

DANNENBERG und KULKE (2010:41) argumentieren, dass die Teilaspekte der Globalisierung, wie Innovationen im Transportwesen als auch Reorganisation von Wertschöpfungsketten entschieden zur Internationalisierung im EH geführt haben.

Die politisch-rechtliche Liberalisierung, die 1947 durch den völkerrechtlichen Vertrag in Form des Allgemeinen Zoll- und Handelsabkommens (engl.:General Agreement on Tariffs and Trade; GATT) angetrieben worden ist und im Zuge dessen 1994 die Welthandelsorganisation (engl.: World Trade Organisation) gegründet wurde, vereinfachen beispielsweise grenzüberschreitende Aktivitäten. Der Einzelhandel ist ein Sektor, der von einem sehr intensiven Wettbewerb geprägt ist. In der Theorie begrenzen die Marktanbieter durch gegenseitiges unterbieten ihre Macht – im Extremfall bis sie Preisnehmer sind. Im vollständigen Wettbewerb haben die Marktanbieter keinen Einfluss auf den Preis. Das Vermögen den Preis zu beeinflussen wird in der Volkswirtschaftslehre oft als wirtschaftliche Macht bezeichnet. Die Liberalisierung des EH führt zu Machtverschiebungen. Transnationale Unternehmen können eine dominante Position auf dem Zielmarkt entwickeln und können folglich ihre Aktivitäten ausweiten. Durch die veränderte Marktsituation, sind Machtverschiebungen möglich, die auf Widerstand von Politik und Bevölkerung stoßen können. Widerstand wird in diesem Kontext als *„eine Ausprägung von kollektiver Macht (verstanden). Die kollektive Macht definiert sich auf Grundlage der öffentlichen Meinung, indem sie diese durch Öffentlichkeitsarbeit und die Protestaktionen beeinflusst"* (FRANZ 2009:68). Der Staat kann wiederum seine Position im Zuge der Liberalisierung auch dahingehend beeinflussen, das er eine schnelle oder schrittweise Veränderung der Rahmenbedingungen des Handels durchführen kann und somit seine Einflussmöglichkeiten auf den Aufbau der Zuliefernetzwerke, bei der Genehmigung von Standorten oder im Wettbewerbs- und Arbeitsrecht anders gestaltet (vgl. FRANZ 2011:7).

Weitere Einflussfaktoren auf die Internationalisierung sind, neben der Öffnung neuer Märkte, Innovationen in der Informations- und Kommunikationstechnologie, die vor allem in den 1990 Jahren durch die Etablierung des Internets begünstigt wurden. Außerdem vereinfachen Tendenzen der Verhaltens- und Konsumkonvergenz der Kunden *„die Koordination internationaler Wertschöpfungsaktivitäten und ermöglichen eine Multiplikation der bewährten Konzepte mit zunächst nur geringfügiger Adaption an Auslandsmarktbedingungen"* (SWOBODA U. FOSCHT 2012:o.S.).

3 Gründe für Aktivitäten auf ausländischen Märkten

Im Folgenden wird der Fokus darauf gelegt, dass Internationalisierungsaktivitäten sich aus dem Zusammenwirken von existenten Wettbewerbsvorteilen und ökonomischen Zielsetzungen (Push-Faktoren) sowie der potenziellen Verfügbarkeit neuer Möglichkeiten auf internationalem Level (Pull-Faktoren) ergeben.

Die hier aufgeführten Motive haben keinen Anspruch auf Vollständigkeit, da jedes Unternehmen letztendlich auch unternehmensspezifischen Motiven folgt. Aus der Auswahl an bekannten Motiven sind in der Praxis häufig eine Kombination von Faktoren für die internationale Expansion von Unternehmen im EH verantwortlich (vgl. HAHN UND POPP 2006:146).

3.1 Push-Faktoren

Die Push-Faktoren können in Motive, die durch nicht-kommerzielle und kommerzielle Aspekte bewirkt worden sind unterteilt werden.

Nicht-kommerziell bedingte Gründe für eine internationale Expansion bestehen darin, dass die Internationalisierung als Folge politischer Ereignisse, wie einem militärischen Coup, oder durch soziale und politische Veränderungen, beispielsweise das Entstehen einer instabilen politischen Struktur, eines stark regulativen Umfeldes oder durch kartellrechtliche Probleme hervorgerufen wird (vgl. FRANZ 2011:5; HAHN U. POPP 2006:146; WORTMANN 2003:19).

Zu den kommerziell bedingten Gründen zählt die schlechte wirtschaftliche Lage auf dem Heimatmarkt, dort herrschendes niedriges Wachstumspotenzial, hohe Betriebskosten und ein reifer Markt (vgl. KULKE U. PÄTZOLD 2009:7; WORTMANN 2003:19). Insbesondere Discountmarkt-Unternehmer sind mit Hinblick auf die Marktsättigung in Deutschland auf internationale Märkte angewiesen, um weiterhin Unternehmenswachstum generieren zu können. Im Discountsegment bestand 2008 ein hoher Sättigungsgrad mit einer hohen räumlichen Dichte und Unternehmenskonzentration im Umfang von 15.000 Discount-Filialen, die einen Umsatz von 42% am Lebensmitteleinzelhandel generierten (vgl. BACK-IHRIG 2009:90; TURBAN U. WOLF 2008:2). Des Weiteren kann durch das Agieren auf unterschiedlichen Märkten mit lokal angepassten Handelskonzepten eine Risikostreuung für das Unternehmen erreicht werden und durch die Erreichung von economies of scale kann überdies die Verhandlungsmacht des Unternehmens gegenüber den Produktherstellern ausgebaut werden (vgl. FRANZ 2011:7; PÜTZ 1998:32).

Weitere Push-Faktoren können sich aus einer schrumpfenden Bevölkerung ergeben, die zu einer Verkleinerung des Heimatmarktes führt oder die Verminderung des Anteils der Ausgaben im EH an allen Konsumausgaben, wie es in Deutschland der Fall ist (s. Abb. 1) (vgl. FRANZ 2011:5; BACK-IHRIG 2009:90; HAHN U. POPP 2006:146). Anhand der Entwicklung der privaten Konsumausgaben und der Einzelhandelsumsätze i. e. S. in Abbildung 1, stellt die KPMG (2010:19) in diesem Kontext folgende Prognose für den deutschen Markt auf, dass *„der deutsche Einzelhandel [...] seinen Anteil an den real stagnierenden privaten Konsumausgaben nicht merklich steigern können (wird)".* Folglich besteht in diesem Trend ein Push-Faktor, der deutsche Unternehmen des EH auf ausländische Märkte drängen lässt.

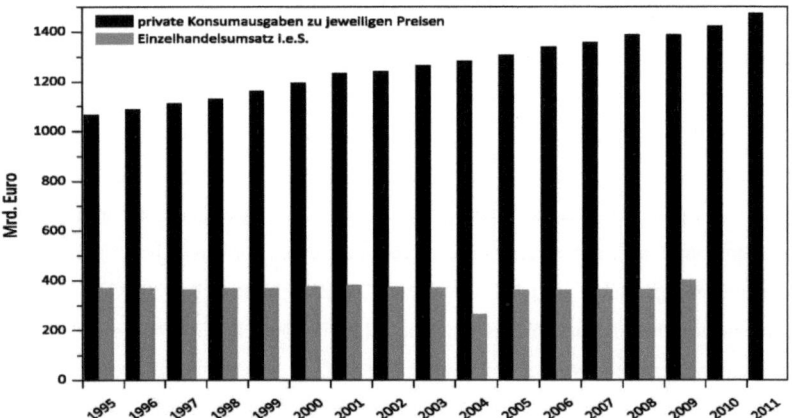

Abbildung 2 Private Konsumausgaben und Einzelhandelsumsätze in Deutschland (Quelle: verändert nach STATISTISCHES BUNDESAMT 2011:8 und STATISTISCHES BUNDESAMT 2010:o.S.)

Nicht nur die schrumpfende Bevölkerung, sondern auch das Konsumentenverhalten beeinflusst die Unternehmen in ihren Entscheidungen: *„Auch wenn die Qualität wieder mehr in den Mittelpunkt rückt, ist grundsätzlich nicht damit zu rechnen, dass die Kunden in Deutschland von ihrer Preisfokussierung und ihrem [...] Einkaufsverhalten gänzlich abweichen".* Die oben genannten Faktoren spiegeln sich in der Eigenkapitalrendite von Unternehmen wider. Lassen sich auf anderen Märkten höhere Renditen einfahren, aus welchen Gründen auch immer, wird bei gleichbleibendem Risiko expandiert (KPMG 2010:6).

3.2 Pull-Faktoren

Zu den Pull-Faktoren können Motive, wie liberale institutionelle Rahmenbedingungen, beispielsweise eine wirtschaftsfreundliche Politik, zählen. Auch die wachsende Bevölkerung, die Größe des Binnenmarktes und sein hohes Wachstumspotenzial beziehungsweise die vorhandene geringe Wettbewerbsintensität auf dem Zielmarkt gelten als mögliche Motive dort Präsenz zu zeigen. Möglicherweise kann auf diese Weise eine Marktnische im Zielmarkt besetzt werden, die von den lokalen Einzelhändlern vernachlässigt wurde. Daraus kann sich ein eine dominante Position in diesem Marktsegment ergeben, die durch die einheimische Konkurrenz kaum oder gar nicht angefochten wird (vgl. KNORR U. ARNDT 2003:13). Ein Beispiel für eine unangefochtene Position in einem Nischenmarkt ist die Unternehmensgruppe Azbuka Vkusa, die vor dem Hintergrund der wachsenden Zahl der Millionäre in Moskau und Umgebung ihr Sortiment auf diese kaufkräftige Zielgruppe konzentriert (vgl. BACK-IHRIG 2009:93). In manchen Märkten locken zudem auch niedrige Betriebskosten, höhere Gewinnmargen oder die gesetzlichen Ladenöffnungszeiten, die eine mögliche Bedingung zur Umsatzsteigerung darstellen können, da der Zeitumfang des möglichen Umsatzes in anderen Ländern umfangreicher gestaltet ist (s. Abb. 2) (vgl. HAHN U. POPP 2006:146; WORTMANN 2003:19). Im Vergleich kann der EH in Irland 72 Stunden länger seine Verkaufsstellen öffnen, als in Italien und somit in diesen zusätzlichen Stunden potenziell seinen Umsatz erhöhen.

Rang		Montag–Freitag	Samstag	Sonntag	Stunden gesamt
1	Irland	0-24	0-24	0-24	168
	Polen	0-24	0-24	0-24	168
	Russland	0-24	0-24	0-24	168
	Slowakei	0-24	0-24	0-24	168
	Tschechien	0-24	0-24	0-24	168
	Ukraine	0-24	0-24	0-24	168
	Ungarn	0-24	0-24¹	0-24¹	168
	Schweden	0-24	0-24	0-24	168
	Großbritannien	0-24	0-24	0-24²	168
2	Portugal	0-24	0-24	6-24³	162
3	Deutschland	0-24⁴	0-24⁴	< 10 Sonntage/Jahr	144
	Frankreich	0-24	0-24	– 13⁵	144
	Spanien	0-24	0-24	> 12 Sonntage/Jahr	144
	Griechenland	0-24	0-24	< 18 Sonntage/Jahr	144
	Norwegen	0-24	0-24	3 Sonntage/Jahr	144
4	Dänemark	0-24	0-17	> 12 Sonntage/Jahr	137
5	Italien	5-21	5-21	—	96
	Niederlande	6-22	6-22	12 Sonntage/Jahr⁶	96
6	Belgien	5-20⁷	5-20	—⁸	91
7	Österreich	6-21	6-18	—	87
8	Finnland	7-21	7-18	12-21⁹	85/94

Abbildung 2 Gesetzliche Ladenöffnungszeiten in Europa (Quelle: verändert nach METRO 2011:74)

4 Strategien in der Internationalisierung

4.1 Herausforderung der Strategiewahl

In einem Internationalisierungsprozess müssen interne Faktoren, wie die eigenen Stärken und Schwächen oder die Unternehmenskultur untersucht werden. Diese wird als ein Set von *"Spielregeln innerhalb des Unternehmens, weitgehend ,etablierte' Verhaltensweisen und Wertvorstellungen, die in einem Betrieb gelten und in unterschiedlichem Maße umgesetzt werden"* (GERHARD U. PIOCH 2009:32) definiert und beinhaltet Aspekte, wie das Personalmanagement oder die lokale Verankerung des Unternehmens. Die Erzeugung einer Unternehmenskultur in einem international agierenden Unternehmen steht vor den Herausforderungen einer Vielzahl von Filialen, in denen regional spezifische Zeichen und Symbole (Farbe, Einrichtung), verschiedene Formen von Kundenservice und Umgang mit den Mitarbeitern auf anderen Märkten realisiert werden müssen (vgl. GERHARD U. PIOCH 2009:32ff.). Unter der Annahme, dass Unternehmen, die am ehesten den institutionellen Normen im Markt entsprechen, durch relevante soziale Akteure am stärksten legitimiert und unterstützt werden und dadurch am Markt am besten bestehen können, gilt in der Neo-Institutionstheorie die Einhaltung von Werten, Normen, habitualisierter Handlungsmustern und institutionellen Rahmenbedingungen neben den ökonomischen Rahmenbedingungen als zentraler Erfolgsfaktor (vgl. ACKER 2007:10;HAHN U. POPP 2006:150).

Der Unternehmer muss eine Internationalisierungsstrategie, also *"eine grundlegende, länderübergreifenden Handlungskonzeption, die auf Wettbewerbsvorteilen aufbaut, die für die Auslandsaktivitäten des Unternehmens notwendig oder nützlich sind"* (PERLITZ 2004:64) entwickeln, die ihrer jeweiligen Branche entspricht. Während der Textilhandel meist mit globaler Reichweite beschafft und die meisten Unternehmen mit standardisierten Strategien zumeist nur die Passformen der Kollektionen angleichen, müssen Einzelhändler im Lebensmittelbereich ihr Sortiment jeder Region anpassen und dementsprechende Wertschöpfungsketten einrichten (vgl. SWOBODA U. FOSCHT 2012:o.S.).

4.2 Die Systematik der Internationalisierungsstrategien

Im Folgenden werden die Internationalisierungsstrategien in die Kategorien *going international* und *being international* von FOSCHT und SWOBODA (2012:o.S.) unterteilt und die rein betriebswirtschaftlich-relevanten Strategien vernachlässigt, um den geographischen Anspruch der Arbeit zu entsprechen. Die Kategorie *going international* entspricht der Vorbereitung und

Durchführung der Internationalisierung, während *being international* die standortorientierten Strategien umfasst.

4.2.1 Going International

Das *going International* beinhaltet die folgende Dimensionen: Die Motive der Internationalisierung, die in Kapitel 3 dargestellt wurden, die Marktauswahl, die Wahl von Markteintrittsstrategien und die Timingstrategie.

Für die Marktauswahl müssen „*zum einen die Festlegung der Kriterien für die Wahl der Ländermärkte, zum anderen die Auswahl der Methoden, mit deren Hilfe Marktselektionsentscheidungen getroffen werden*" (TURBAN U. WOLF 2008:6). Bestimmt werden die Überlegungen bezüglich der Marktwahl, die ein Einzelhändler bei einem Internationalisierungsprozess anstellen muss, sind ähnlich den Überlegungen bei einem nationalen Auftritt. Von Interesse sind externe Faktoren, wie die Wettbewerbssituation, die Angebots- und Nachfrageseiten, der Flächenbedarf und -bestand, der Kunde und seine Bedürfnisse, sowie relevante staatliche Vorgaben, wie zum Beispiel das Planungsrecht, dass Einfluss auf die Standorte und Flächengröße der Betriebe nimmt oder das Wettbewerbs- und Arbeitsrecht (vgl. HEINRICH 2009:78; KULKE U. PÄTZOLD 2009:8; HAHN U. POPP 2006:142). Diese Kriterien variieren jeweils in ihrer Bedeutung in Zusammenhang mit der Unternehmensstrategie und den allgemeinen Rahmenbedingungen. Für den Ausschluss von Märkten spielen Ländermarktrisiken und Markteintrittsbarrieren eine entscheidende Rolle (vgl. TURBAN U. WOLF 2008:6).

Wie in Tabelle 2 zu sehen, ist die Anzahl der möglichen Markteintrittsstrategien vielfältig. Die Expansion wird durch organisches Wachstum des Unternehmens durch die Eröffnung eigener Geschäfte geprägt, während die Akquisition bedeutet, dass vor Ort Unternehmen (anteilig) gekauft werden. Die Fusion ist eine kooperative Markteintrittsstrategie und beinhaltet die Zusammenführung mehrerer Unternehmen, die im Falle der Internationalisierung auf verschiedenen Märkten tätig sind. Eine kooperative Form der Markteintrittsstrategie, die noch stärker kooperativ gestaltet ist, ist die Joint-Venture-Strategie. Hierbei findet ein symbiotischer Zusammenschluss statt. Die Lizenzvergabe sorgt für Marktpräsenz des Unternehmens, die durch die Vergabe der Rechte des Markennamens an Unternehmen vor Ort gesteuert wird. Der Lizenzvergabe sehr ähnlich ist die Franchising-Strategie. Beim Franchising stellt ein Franchisegeber einem Franchisenehmer die Nutzung eines Geschäftskonzeptes gegen Entgelt zur Verfügung (vgl. KUTSCHKER U. SCHMID 2005:820ff.). Diese Markteintrittsstrategien werden gleichzeitig in ihrer Auswahl durch die spezifischen Rahmenbedingungen des Einzelhandels, wie der Notwendigkeit des Aufbaus eines Filial- und Zuliefernetzes, sowie der waren-spezifischen Zeitstruktur beeinflusst (vgl. TURBAN U. WOLF 2008:5).

Tabelle 2 Überblick über mögliche Markteintrittsstrategien (Quelle: verändert nach KACZMAREK 2009:25; HAHN U. POPP 2006:145; KNORR U. ARNDT 2003:13)

Typ der Markteintritts-strategie	Erklärung des Typs	Bedeutung für das Unternehmen
Expansion	Organisches Wachstum durch Eröffnung eigner Geschäfte	Größtmögliche Kontrolle und Flexibilität durch das Unternehmen, zeitaufwändig in der Ausführung
Akquisition	Teile oder ganze Unternehmen werden gekauft	Kostenintensiv, sichert schnell kritische Masse oder Schlüsselposition
Fusion	Zusammenführung mehrerer Unternehmen zu einem großen Konzern	sichert schnell Marktanteile
Joint Venture	Symbiotischer Zusammenschluss mit einem ausl. Unternehmen	Ausländ. Markt wird mit Ortskundigen bearbeitet
Lizenzvergabe	Vergabe der Rechte des Markennamens gegen Gebühr	Keine Kontrollausübung
Franchising	Franchisegeber kooperiert mit Partnern vor Ort	Kontrolle über das Geschäft eines selbstständigen Franchisenehmers

Zum Einen entscheiden sich Unternehmen für *eine* Markteintrittsstrategie und zum anderen können diese Strategien kombiniert werden.

Letztes ist möglich in Form einer Cross-Border-Wertschöpfung, bei der *„eine spezifisch internationale Konfiguration und Koordination der Wertschöpfungsaktivitäten unter Einbeziehung vielfältiger kooperativer (Lizenzen, Joint Venture etc.) und integrativer Transaktionsformen (Neugründungen, Beteiligungen etc.)"* (SWOBODA U. FOSCHT 2012:o.S.) etabliert wird. Durch diese Diversität an Handelskonzepten werden verschiedene Konsumentenguppen angesprochen und möglicherweise unterschiedliche Produktgruppen gehandelt. Dieses Vorgehen zielt auf eine größere Kundengruppe und gewährleistet zeitgleich eine breitere Risikostreuung (vgl. DELOITTE 2010[b]:2).

Die Timingstrategie ist einerseits länderspezifisch und zum anderen länderübergreifend zu betrachten. Die länderspezifische Timingstrategie ist insbesondere im Lebensmittel-Discount-Segment relevant und bezieht sich auf die Festlegung des Markteintritts im Vergleich zum Eintrittszeitpunkt des Wettbewerbers und besteht in den Varianten der Pionier- und Folgerstrategie (vgl. TURBAN U. WOLF 2008:7). Für Pioniere oder First Mover ergeben sich die Vorteile, dass ein Bekanntheits- und Imagevorsprung geschaffen werden kann und gute Standorte besetzt werden können. So kann es zu kurz- bis mittelfristigen monopolähnlichen Wettbewerbssituation kommen, die zu Pioniergewinnen führt (vgl. DELOITTE 2010[b]:1). Allerdings tragen die Pioniere die Erschließungskosten und müssen sich mit potenziellen Markteintrittsbarrieren und Free-Rider-Effekte der Folger auseinandersetzen. Die late mover- Strategie ist konkurrenzorientiert und lernt aus den Erfahrungen der Pioniere. Dagegen ist eben dieser Erfahrungsvorsprung des Pioniers ein Nachteil für den Folger.

Die länderübergreifende Timingstrategie bezieht sich auf die Wahl des Unternehmens der Zeitpunkte des Markteintritts in verschiedenen Ländermärkten in den Variationen der Sprinkler- und Wasserfallstrategie. Die Sprinklerstrategie steht für einen synchronen Markteintritt und beinhaltet daher einen Zeitvorteil bezüglich der Präsens auf den Zielmärkten, bringt aber einen stärkeren Ressourcenbedarf und größere Risiken mit sich. Die Wasserfallstrategie steht für einen zeitlich versetzen Einsatz von Ressourcen, einen *„kalkulatorischen Ausgleich zwischen den Ländermärkten"* (TURBAN U. WOLF 2008:7) und lässt Lerneffekte zwischen den einzelnen Markteintritten zu. Das Risiko eines Divestments wird reduziert (vgl. TURBAN U. WOLF 2008:7).

4.2.2 Being International

Ist das Unternehmen nun vor Ort angesiedelt, stehen die Entscheidung einer Änderung der Organisationsform, die Frage der Marktbearbeitung zwischen Standardisierung und Adaption und möglicherweise das Divestment im Fokus.

Im *being international* kann zudem eine weitere Kombinationsmöglichkeit der Markteintrittsstrategie durchgeführt werden. Hierbei handelt es sich um das Durchlaufen mehrerer Markteintrittsstrategien, wie es Designer im Segment hochpreisiger Mode tun. Im Zuge ihrer Internationalisierung platzieren diese ihre Ware erst in einschlägigen Kaufhäusern, wie Harrods, dann in Flagship Stores auf prominenten Einkaufsstraßen, wie der Maximilianstraße in München. Sobald dann die Mode im Großhandel vertreten ist, wird in Form eigener Geschäftsstellen das Verkaufsvolumen und die Gewinnmarge gesteigert und gegebenenfalls auf prestigeträchtige Standorte, wie in den ersten Phasen, verzichtet (vgl. HAHN U. POPP 2006:145).

Dieses Durchlaufen mehrerer Handelskonzepte gibt es auch in schlichterer Form in zwei Stufen. Im Joint Venture führt das ausländische Unternehmen auf dem Zielmarkt die Erprobung des Handelskonzeptes durch und erweitert sein Marktwissen, um dann durch Expansion mehr

Kontrolle auszuüben und im Bewusstsein des Konsumenten das globale Image des Unternehmens zu stärken (vgl. DELOITTE 2012:24).

Durch die Veränderung der Organisationsform ergibt sich gleichzeitig eine veränderte Marktbearbeitung, die wieder im Spannungsfeld zwischen Standardisierung und Adaption steht. Eine stärkere Adaption birgt eine größere Kundennähe, embeddedness und Anpassung an die die lokalen Gegebenheiten, derweil bedeutet eine stärkere Standardisierung, *„eine leichtere Harmonisierung der Marke und economies of scale"* (SWOBODA U. FOSCHT 2012:o.S.). Die Adaptionsstrategie wird in der Praxis eher in größeren, potenzialreichen Ländern angewendet, wie auch die oben beschriebene Vorgehensweise der Akquisition und Filialisierung. Die Entscheidung für mehr Adaption oder mehr Standardisierung, lässt sich nach SCHWARZ (2009) in drei unternehmerische Basisstrategien unterteilen, die entscheidend für die Marktauswahl und der Marktbearbeitung sind:

- *„Eine globale Basisstrategie ist durch eine Betonung der Wettbewerbsvorteile einer Integration der Auslandsaktivitäten charakterisiert (identische Marke, Skalenvorteile, vereinfachte Koordination). Hier wird auf eine Adaption an die länderspezifischen Besonderheiten weitgehend verzichtet.*
- *Eine multinationale Basisstrategie betont demgegenüber die Adaption an die jeweiligen Länderbesonderheiten (maximale Kundenähe), bei weiterer Vernachlässigung von Integrationsvorteilen.*
- *Eine transnationale Basisstrategie verbindet beide Optionen, was idealtypisch straffe Prozesse und eine ebensolche Führung bei adaptierten Marketingaktivitäten/-instrumenten bedeutet. "* (SCHWARZ 2009:53ff.)

Wird der Internationalisierungsprozess im *going international* nicht umfassend vorbereitet, kann dies zum Scheitern des Unterfangens und letztendlich zum Divestment durch die Fehleinschätzung der Situation kommen. Für diesen Fall des Scheiterns eines Unternehmens im Internationalisierungsprozess ist das englische Handelsunternehmen Marks & Spencers ein eindrucksvolles Beispiel, da es unfähig war das eigene Basiskonzept den obengenannten Aspekten anzupassen, sodass es sich in 2004 aus allen Auslandsmärkten entfernte. Weitere Beispiele sind auch die gezielten Divestments des französischen Einzelhändlers Carrefour in Tschechien aufgrund des sich entwickelnden scharfen Wettbewerbs oder der Rückzug von Wal-Mart vom deutschen und südkoreanischen Markt (vgl. KPMG 2010:25f.; DAWSON 2007:377).

Die vorgestellten Strategien weisen je nach Einzelhandelsbranche unterschiedliche Interdependenzen auf. Je nach Markteintrittsstrategie, wird die Art der Marktbearbeitung oder der Betriebstyp ausgewählt. Beispielsweise favorisieren Discounter, in Deutschland wie auch in den USA, die Expansion, da Akquisitionen und Joint Ventures eine Herausforderung der Marketing- und Prozessstandardisierungen aufgrund ihres Zeitaufwandes darstellen. Diese Standardisierungen sind leichter im Falle eines Franchising und der Expansion durchzuführen, da die Durchsetzung auf weniger Widerstände stößt. Dahingegen benötigen standardisierte Marktbearbeitungsstrategien eine ausreichende kritische Masse von Kunden, was sich wiederum beschränkend auf die Auswahl von Zielmärkten auswirkt, die potenzielle Kandidaten für den Markteintritt wären (vgl. SWOBODA U. FOSCHT 2012:o.S.). Von der Kombination der Strategien sind zudem auch Geschwindigkeit „*der Auslandsexpansion, Kosten der Auslandsmarkterschließung, die Leistungsstruktur der Verkaufsstellennetze im Ausland und Umfang der in Kauf genommenen Unternehmensrisiken*" (TURBAN U. WOLF 2008:1) abhängig.

5 Standorte

Im Folgenden werden die Standorte international agierender Unternehmen dargestellt. Hierbei wird größtenteils die Perspektive deutscher Unternehmen und ihre Perspektive auf die Internationalisierung gewählt.

5.1 Herkunft der international agierender Einzelhändler und die Verortung ihrer Umsätze

Um die räumliche Verteilung der Herkunft international agierender Einzelhandelsunternehmen darstellen zu können, wurden die Unternehmen jeweils der Großregion zugeschrieben, in der ihr Hauptsitz verortet ist. Wie in Abbildung 3 zu sehen, kann nicht von der Präsenz der Unternehmen auf die Verortung des Anteils des Unternehmens am weltweiten Umsatz geschlossen werden.

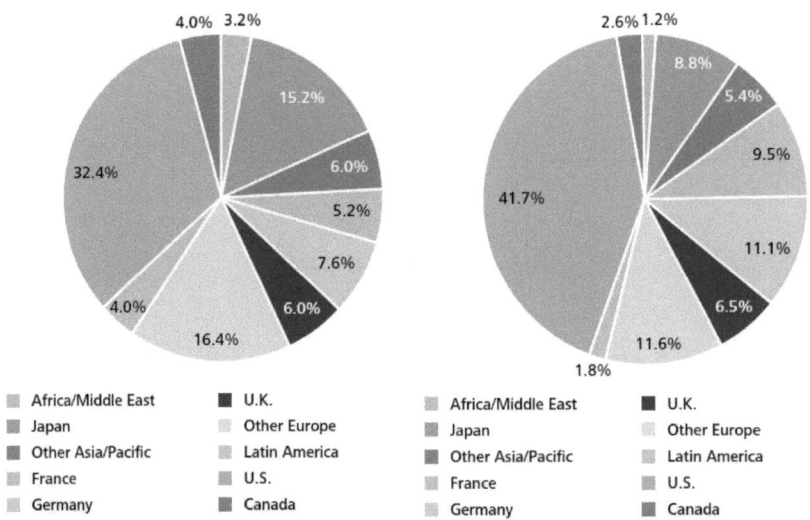

Abbildung 3 Anteil der 250 größten Einzelhändler weltweit nach Herkunft (links) und nach Umsätzen (rechts) in 2010 (Quelle: verändert nach DELOITTE 2012:20)

Aus dieser Abbildung ergibt sich, dass der größte Absatzmarkt die Großregion USA ist, in welche außerdem ein Drittel der 250 größten Einzelhandelsunternehmen ihre Hauptsitze verorten. Zwar vereinigen französische, deutsche, britische und andere europäische zusammen mit den US-amerikanischen Einzelhändlern auf sich den Großteil des weltweiten Umsatzes, doch lässt sich hier vor allem im Anteil der deutschen Unternehmen eine schwindende Präsenz unter den Top 250 erkennen, da diese in der Rangliste in 2009 noch mit 92 und in 2010 nur noch mit 88 Unternehmen verzeichnet wurden. Die Unternehmen anderer Großregionen bauen ihre Präsenz unter den großen Einzelhändlern der Welt aus. Seit 2007 hat vor allem der Anteil asiatischer Unternehmen in dem obengenannten Ranking zugenommen (vgl. DELOIT-TE 2012:20). In der obigen Abbildung ist außerdem erkennbar , dass in 2010 Unternehmen aus den USA, Großbritannien, Deutschland, Lateinamerika und Afrika bzw. dem Nahen Osten mehr Umsatz im Verhältnis zum Anteil ihrer Präsenz auf dem weltweiten Ranking generieren konnten, als die Unternehmen aus den übrigen Großregionen. Doch wird sich die Rangfolge bezüglich des Umsatzes und folglich die Präsenz unter den größten Einzelhandelsunternehmen der Welt in den nächsten Jahren voraussichtlich neu anordnen. Die Großregionen Afrika/Naher Osten, Asien/Pazifischer Raum und Lateinamerika verzeichneten in den Jahren 2005 bis 2010 überdurchschnittliche Zunahme des Umsatzes sowie des Umsatzwachstums und ließen bezüglich dieser Wachstumsraten die Großregionen Europa und im Speziellen Frankreich, Deutschland und Japan weit hinter sich (s. Abb. 4).

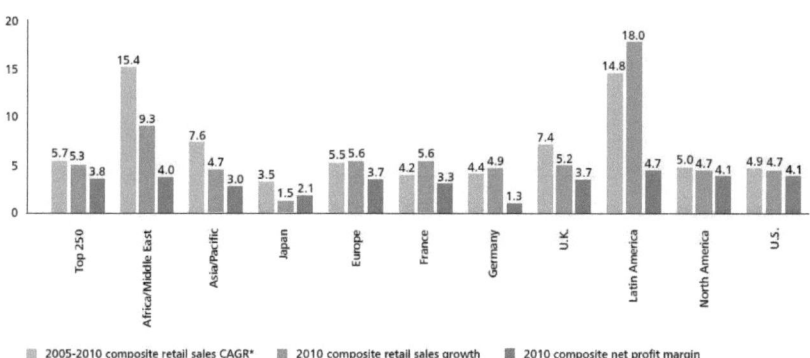

Abbildung 4 Dynamik des Umsatzes und der Umsatzraten nach Großregionen in % (Stand 2010) (Quelle: DELOITTE 2012:21)

Die Großregionen Afrika/Naher Osten, Asien/Pazifischer Raum und Lateinamerika zeichnen sich durch überdurchschnittliche Zunahme des Umsatzes sowie des Umsatzwachstums aus und zählen daher zu den aufstrebenden Märkten. Brasilien, Russland, Indien, China, Indonesien, Mexiko, Türkei und Vietnam zählen zu den starken Vertretern dieser aufstrebenden Märkte. Diese Märkte sind in Volkswirtschaften mit großem Bevölkerungspotenzial zu finden, von denen erwartet wird, dass sie in der aktuellen und nächsten Dekade ein starkes Wirtschaftswachstum erreichen und somit eine größere Masse von *middle class consumers* generieren und die hiermit das Interesse von international agierenden Einzelhändlern wecken. In diesen genannten Staaten leben 3.2 Milliarden Menschen, die die Hälfte der Weltbevölkerung ausmachen, aber bis jetzt ein BIP pro Kopf erreichen, dass einem Zehntel des BIP der USA entspricht (vgl. DELOITTE 2010[a]:6; HAHN U. POPP 2006, S. 138; COE U. HESS 2003:259).

Auch die großen Einzelhandelsunternehmen haben diese Märkte für sich entdeckt und sich jeweils räumliche Schwerpunkte in den jeweiligen Großregionen gesetzt (s. Tab. 3).

Tabelle 3 Die fünf größten Handelsunternehmen in 2009 und die Anzahl der Staaten in denen sie 2010 aktiv waren (Quelle: verändert nach FRANZ 2011:6; DELOITTE 2011:16)

Unter-nehmen	Her-kunft	West-europa	Ost-europa	NAF TA	Lateiname-rika (exkl. Mexi-ko)	Asien & Ozea-nien	Naher Osten & Afrika	Σ
Wal-Mart Stores, Inc.	USA	1	0	4	8	3	0	16
Carrefour S.A.	F	6	6	0	3	8	1	24
Metro AG	D	13	14	0	0	5	2	34
Tesco	GB	2	5	1	0	6	0	14
Schwarz Unterneh-mens Treu-hand KG	D	17	9	0	0	0	0	26

Wal-Mart Stores, Inc. hat seinen Fokus auf Lateinamerika und die NAFTA (Abkürzg. von *North American Free Trade Agreement)*, die die USA, Canada und Mexico umfasst, gelegt. Carrefour S.A. legt den Schwerpunkt seiner Aktivitäten in Europa und Asien, während die Metro AG und die Schwarz Unternehmens Treuhand KG in Europa sehr stark vertreten sind. Tesco kombiniert seine Aktivitäten vor allem in Asien und Europa. Um auf diesem aufstrebenden Märkten teilzunehmen, nehmen die internationalisierenden Unternehmen im EH auch zusätzlichen Aufwand auf sich. Dieser zusätzliche Aufwand besteht beispielsweise darin, dass in den Ländern der aufstrebenden Märkte die Infrastruktur im schlechten Zustand ist oder Zuliefernetzwerke erst aufgebaut werden müssen (vgl. FRANZ 2011:9). Doch mit zunehmender wirtschaftlicher Entwicklung wird nicht nur die Nachfrage nach Konsumgütern in diesen Ländern steigen, sondern auch die Etablierung heimischer Handelsunternehmen kann erwartet werden, die sich als Konkurrenten für die global agierenden Unternehmen in ihrem Heimatmarkt aufstellen werden (vgl. KACZMAREK 2009:28).

5.2 Dynamik der Standortauswahl in den Großregionen

Wie eingangs beschrieben agierten viele europäische Einzelhändler bis in die 1990er Jahre überwiegend auf ihren Heimatmärkten. Diese Konzentrationsprozesse sorgten für die nötige Masse an Kapital und Wissen für den Markteintritt in ausländische Märkte (vgl. SCHRÖDER 1997:511).

Erste Schritte auf ausländische Zielmärkte erfolgten zunächst in die Anrainerstaaten des jeweiligen Heimatmarktes. Der Weg in die Nachbarstaaten wird hauptsächlich aus zwei Gründen getätigt. Erstens wird vermutet, dass die bestehenden Differenzen im Vergleich zum Heimatmarkt am besten bewertet werden können. Zudem werden die sprachlichen und kulturellen Hürden niedriger eingeschätzt, als bei einem räumlich weit entfernten Zielmarkt. Zweitens werden die Markteintrittskosten niedriger angesetzt, wenn die Entfernung zum Zielmarkt kürzer ist. Diese Kosten beinhalten vor allem geringere Ausgaben für Logistik, Wissens-Transfer und Kommunikationskosten. Für manche Unternehmen, wie IKEA und H&M ergibt sich ein Zielmarkt in einem Anrainerstaat auch als Schlüsselmarkt. Diese international agierenden Einzelhändler waren *„früh davon überzeugt, dass Deutschland der Schlüsselmarkt für den skandinavischen Einzelhändler ist, bevor andere Märkte erschlossen werden können"* (KPMG 2010:26). Für beide Unternehmen ist der deutsche Markt heute der größte Teilmarkt und generiert die finanzielle Grundlage für weitere Aktivitäten im Ausland (vgl. KPMG 2010:26).

In den 1990 Jahren wurden internationalen Aktivitäten im EH, im Zuge der Verbesserung der Kommunikationsmöglichkeiten und Liberalisierung, auf die Länder der Triade ausgeweitet. In den Staaten der Triade befindet sich ein starkes Konsumpotenzial, da hier rund 14% der Weltbevölkerung lebt, welche knapp zwei Drittel des globalen Einzelhandelsumsatzes auf sich vereint (vgl. HAHN U. POPP 2006:138).

Spätestens seit 2000 besteht steigendes Interesse im EH an Ländern in Osteuropa, Lateinamerika und vor allem Asien (ohne Japan), da in diesen Regionen ein großes Bevölkerungspotenzial mit einem wirtschaftlichem Entwicklungspotenzial einhergeht (vgl. HAHN U. POPP 2006:144). Doch werden jeweils von den 250 größten Einzelhändlern unterschiedliche Markteintrittsstrategien je nach Großregionen angewandt (s. Abb. 5):

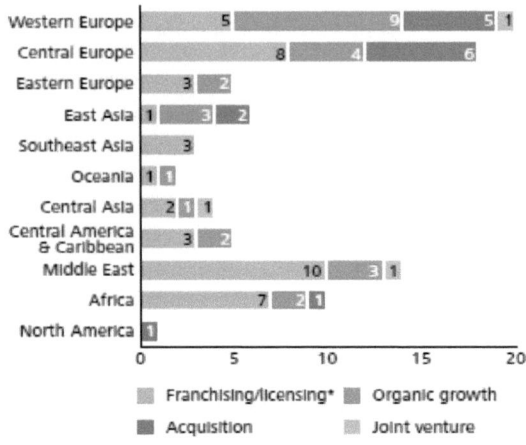

Abbildung 5 Markteintrittsstrategien der 250 größten Einzelhändler in unterschiedlichen Großregionen (Quelle: DELOITTE 2012:24)

In 2010 agierten 60% der 250 größten Handelsunternehmen in mehr als einem Land und 80% von diesen sind in mehr als einer Großregion tätig. 40 Einzelhändler traten in 2010 in einem neuen ausländischen Markt auf und vollzogen daher 88 Markteintritte in 57 Ländern in 11 von 12 Großregionen. Diese Daten repräsentieren allerdings nur konventionelle Handelsaktivitäten. Fast die Hälfte der genannten Markteintritte, also 43 von 88, fanden in Europa statt. Der Schwerpunkt lag dabei mit 20 Markteintritten in West-Europa und mit 18 Eintritten in Zentral-Europa. Ein bedeutender Teil der Markteintritte fand auch im Mittleren Osten mit Schwerpunkt in der Türkei, den Arabischen Emiraten und Syrien (14 Eintritte) und in Afrika mit Schwerpunkt in Nord-Afrika (10 Eintritte) statt. In der obigen Darstellung werden vier verschiedene Typen des Markteintritts unterschieden: Interne Expansion (engl.: organic growth), Franchising und Lizenzierung, Joint Venture und Akquisition. In 2010 war die am meisten angewandte Strategie das Franchising und die Lizenzvergabe oder ähnliche Formen von Partnerschaften in fast der Hälfte der Fälle (43 von 88). Ein Drittel der Markteintrittsaktivitäten wurde per interne Expansion (27 Mal) abgewickelt, während 15 von 88 Markteintritten in Form von Akquisition stattfanden. Die Strategie per Joint Venture in einem neuen Zielmarkt einzutreten bildet das Schlusslicht mit 3 Markteintritten. Aus dieser Abbildung ergibt sich, dass in den jeweiligen Großregionen jeweils andere Schwerpunkte in der Markteintrittsstrategie gewählt worden sind. In West-Europa treten Handelsunternehmen insbesondere durch interne Expansion (9 von 20 Eintritten) auf, indessen ist in Zentral-Europa, im Mittleren Osten und in Afrika das Franchising und die Lizenzvergabe die bevorzugte Va-

19

riante. Demnach tritt der EH in kleineren oder kulturell-unähnlichen Märkten, insbesondere in der Anfangsphase, eher in Kooperation mit ortsansässigen Händlern auf. In manchen Ländern liegt der Grund in den gesetzlichen Rahmenbedingungen und ausländische Einzelhändler dürfen nicht ohne ortsansässigen Partner agieren. Zudem ermöglicht die Kooperation Synergie-Effekte im Bereich des Humankapitals und der Ressourcen. Ferner können Risiken und zeitlicher Input auf dem Zielmarkt reduziert werden, da die politischen, ökonomischen und gesetzlichen Rahmenbedingungen von dem Partner überblickt werden (vgl. DELOITTE 2012:24).

5.3 Mögliche Auswirkungen auf den Einzelhandel in den Zielmärkten

Insgesamt können vier unterschiedliche Bereiche des Einflusses durch das Auftreten ausländischen EH auf Zielmärkte differenziert werden:

Erstens, ausländische Einzelhändler verändern die Einzelhandelslandschaft eines Zielmarktes, dadurch dass sie neue Handelskonzepte und Preisstrukturen, neue Methoden des Marketing und Kapital mitbringen. Fachgeschäfte, kleine und mittelständische Unternehmen als auch Wochenmärkte verlieren bedeutende Marktanteile an ausländische Super- und Hypermärkte oder es bilden sich unter dem Konkurrenzdruck neue Betriebstypen (vgl. HAHN U. POPP 2006:151; COE U. HESS 2005:451).

Zweitens, transnational tätige Unternehmen im EH haben auch für sozio-kulturelle Veränderungen in ihren Zielmärkten in Bezug auf Einkaufs- und Konsumverhalten gesorgt. Die Verbreitung neuer Konsummuster findet allerdings nicht nur von der westlichen Welt in die Peripherie des globalisierten EH, sondern auch in entgegengesetzter Richtung durch den afrikanischen Supermarkt in Köln statt (vgl. HAHN U. POPP 2006:151).

Drittens, in den Zielmärkten verändern sich auch die gesetzlichen Rahmenbedingungen, wenn diese als Bedingungen für den Markteintritt nicht schon vorher verändert worden sind. Diese sind nun stärker regulierend oder liberaler in Bezug auf den Umfang und Form von Investitionen, Handelsformattypen, Wettbewerbsrecht und Importbeschränkung gestaltet worden.

Viertens, können Veränderungen der lokalen Wertschöpfungsketten durch den Einkauf international agierender Unternehmen festgestellt werden. "*First, local firms may supply foreign retailers within their own national or regional context. Second, local firms may become enrolled into the global sourcing activities of transnational retailers, supplying products for their home/core markets.*"(COE U. HESS 2005:451).

6 Schlussteil

6.1 Zusammenfassung

Die vorliegende Arbeit hat sich in fünf Kapiteln dem Thema der Internationalisierung im Einzelhandel gewidmet. Zunächst wurde die Begriffe Handel und Internationalisierung definiert und hervorgehoben, dass Internationalisierung kein Phänomen neuerer Zeit ist. Schon im 19. Jahrhundert wurde Handel auf internationalem Niveau durchgeführt, doch hat sich das Format des Handels seitdem vom institutionellen zum funktionalen Handel und von beschaffungsseitiger zu absatzseitiger Internationalisierung verändert. Betrachtet man international agierende Unternehmen im Einzelhandel, dann lassen sich Spezifika insbesondere in Abgrenzung zu international tätigen produzierenden Unternehmen in Bezug auf die Verkaufsstellen oder die Risikostruktur feststellen. Innerhalb der international tätigen Einzelhandelsunternehmen kann eine starke Konzentration des Umsatzes festgestellt werden, die die Bedeutung großer Einzelhandelsunternehmen im Kontext mit anderen Wirtschaftsbereichen herausstellt. Die Rahmenbedingungen der Internationalisierung sind vor allem durch die Entwicklungen der Globalisierung und der politisch-rechtlichen Liberalisierung geprägt.

Die Gründe für die Internationalisierung der Unternehmen bestehen aus Push-Faktoren und Pull-Faktoren. Zum Ersteren zählen Motive, wie instabile, politische Verhältnisse oder Marktsättigung, zum Zweiten gehören eine wirtschaftsfreundliche Politik oder eine geringere Wettbewerbsintensität.

Die Strategien im Kontext der Internationalisierung sind vielfältig. Für die Strategiewahl ist es zunächst zentral die endogenen Stärken und Schwächen des eigenen Unternehmens zu kennen. Ein weiterer wichtiger Faktor für den Erfolg auf dem ausländischen Markt, ist gemäß der Neo-Institutionstheorie auch die Anpassungsfähigkeit an die institutionellen Normen im Zielmarkt. Zudem ist die Strategiewahl stark branchenspezifisch. Internationalisierungsstrategien lassen sich in zwei Kategorien unterteilen: Zu der Kategorie des *going international* gehört die Zielmarktwahl, die Auswahl oder Kombination von Markteintrittsstrategien (Expansion, Akquisition, Fusion, Joint Venture, Lizenzvergabe und Franchising) und die länderspezifische bzw. länderübergreifende Timingstrategie. In der Kategorie des *being international* kann die Entscheidung für eine Änderung der Organisationsform und die Form der Marktbearbeitung getroffen werden. Außerdem kann situationsbedingt das Divestment eine mögliche Strategie darstellen. Zwischen diesen Strategien herrschen starke Interdependenzen, die wiederum branchenspezifisch ausgeprägt sind.

Die Benennung von Standorten kann auf Basis verschiedener Faktoren durchgeführt werden. Die Herkunft der international agierenden Einzelhandelsunternehmen ist nicht kongruent mit der Verortung der Hauptumsätze. Zwar sind Tendenzen zu erkennen, wie zum Beispiel, dass die meisten Unternehmen im internationalen EH aus den USA stammen und dort auch der größte Absatzmarkt weltweit zu finden ist. Doch stehen bezüglich der Herkunft der Unternehmen und der Lokalisierung ihrer Umsätze Veränderungen an. Auf den aufstrebenden Märkten findet ein überdurchschnittliches Umsatzwachstum statt. Auch die großen Einzelhandelsunternehmen haben diese Märkte für sich entdeckt und haben Schwerpunkte in den jeweiligen Großregionen gesetzt. Die Dynamik der Standortwahl sieht folgendermaßen aus: Zunächst neigen Einzelhandelsunternehmen dazu auf den Märkten der Anrainerstaaten aufzutreten, seit den 1990er Jahren werden auch Märkte der Triade betreten und seit den 2000er Jahren stehen die bereits erwähnten aufstrebenden Märkte im Fokus, da sich dort aufgrund des fehlenden heimischen Kapitals, der fehlenden lokalen Konkurrenz und der stark wachsenden Absatzpotenziale ergeben. Es gibt vier zentrale Auswirkungen auf den Zielmarkt, die oftmals auftreten. Sozio-kulturelle Veränderungen, beispielsweise im Konsumverhalten, treten auf. Gesetzliche Rahmenbedingungen entwickeln sich in eine liberale oder restriktive Richtung und lokale Wertschöpfungsketten verändern sich.

6.2 Fazit und Ausblick

Schlussendlich ist festzuhalten, dass das Thema der Internationalisierung im Einzelhandel sehr komplex ist und es nicht die ‚eine' Erklärung für diesen Sachverhalt existiert. Insgesamt gibt es *„38 Theorien, Ansätze und Konzepte zur Erklärung von Fragen der Internationalisierung"* (SCHWARZ 2009:69).

Zukünftig zeigt der EH, beispielsweise in Deutschland, zwar nur geringe, aber dennoch kontinuierliche Steigerung der Einnahmen. Auf ausländischen Märkten vor allem in Entwicklungsländern ist dagegen eine starke Dynamik zu erwarten. Außerdem hat der deutsche Einzelhandel, im Vergleich zum produzierenden Unternehmen oder anderen Dienstleistungen, eine gewisse Widerstandsfähigkeit in Krisen. Diese zeigte sich in der Finanzkrise 2008. Zwei Drittel der von KACZMAREK untersuchten Konzerne artikulierten in 2009 weitere Investitionen, was darauf schließen lässt, dass sich in diesem Wirtschaftssektor beachtliche Potenziale für die Zukunft befinden (vgl. KACZMAREK 2009:28). Dezidierte Aussagen zu zukünftigen Entwicklungen sind allerdings schwer zu postulieren, da viele Unternehmen aus taktischen Gründen nicht bereit sind, genaue Angaben zu ihren Internalisierungsstrategien zu machen (vgl. HAHN U. POPP 2006:153).

Literaturverzeichnis

ACKER, K. (2007): Internationalisierung im Einzelhandel: Die US-Expansion des Discounters Aldi aus institutionstheoretischer Perspektive. Berlin: (=Berichte des Arbeitskreises Geographische Handelsforschung 22), S.9-14

BACK-IHRIG, A. (2009): Internationalisierung im Einzelhandel – Expansion und Einzelhandelsentwicklung in Ost-/Zentraleuropa insbesondere in Polen, Tschechien und Ungarn. In: KULKE, E. U. K. PÄTZOLD (Hrsg.): Internationalisierung im Einzelhandel. Unternehmensstrategien und Anpassungsmechanismen. Passau: (= Schriftenreihe des Arbeitskreises Geographische Handelsforschung in der Deutschen Gesellschaft für Geographie 15), S.89- 111

COE, M. U. M. HESS (2005): The internationalization of retailing: implications for supply network restructuring in East Asia and Eastern Europe. In: Journal of Economic Geography, Bd. 5, S.449-472

CONRADI, E. (1999): Internationalisierung und Globalisierung – was sonst?. In: Beisheim, O. (Hrsg.): Distribution im Aufbruch. Bestandsaufnahme und Perspektiven, München, S.39- 60

DANNENBERG, P. U. E. KULKE (2010): Globalisierung von Bezugsverflechtungen im Einzelhandel. Berlin: (=Berichte des Arbeitskreises Geographische Handelsforschung 27), S.41-44

DAWSON, J. (2007): Scoping and conceptualizing retailer internationalization. In: Journal of Economic Geography, Bd. 7, S.373-397

DELOITTE (2012): Switching channels. Global Powers of Retailing 2012. London

DELOITTE (2011): Leaving home. Global Powers of Retailing. London

DELOITTE (2010[a]): Consumer 2020. Reading the signs. London

DELOITTE (2010[b]): Hidden Heroes. Emerging retail markets beyond China. London
DOHERTY, A.M. ET AL. (2010): Flagship stores as a market entry method: the perspective of luxury fashion retailing. In: European Journal of Marketing Vol. 44 Nr. 1/2, S.139-161

FRANZ, M. (2011): Globalisierung im Einzelhandel – Akteure und ihre Machtbeziehungen. In: Geographische Rundschau, H.5, S.4- 10

FRANZ, M. (2009): Proteste gegen Supermärkte in Indien – Widerstand als Einflussfaktor in der Internationalisierung des Einzelhandels. In: KULKE, E. U. K. PÄTZOLD (Hrsg.): Internationalisierung im Einzelhandel. Unternehmensstrategien und Anpassungsmechanismen. Passau: (= Schriftenreihe des Arbeitskreises Geographische Handelsforschung in der Deutschen Gesellschaft für Geographie 15), S.53-74

GERHARD, U. U. E. PIOCH (2009): Unternehmen + Kultur = Unternehmenskultur? Empirische Analyse zur Bedeutung von Unternehmenskulturen im globalen Einzelhandel. In: KULKE, E. U. K. PÄTZOLD (Hrsg.): Internationalisierung im Einzelhandel. Unternehmensstrategien und Anpassungsmechanismen. Passau: (= Schriftenreihe des Arbeitskreises Geographische Handelsforschung in der Deutschen Gesellschaft für Geographie 15), S.31- 50

HEINRICH. T. (2009): Herausforderungen einer internationalen Expansion im Lebensmitteleinzelhandel – ein Praxisbericht. In: KULKE, E. U. K. PÄTZOLD (Hrsg.): Internationalisierung im Einzelhandel. Unternehmensstrategien und Anpassungsmechanismen. Passau: (= Schriftenreihe des Arbeitskreises Geographische Handelsforschung in der Deutschen Gesellschaft für Geographie 15), S.75- 88

KNORR, A. U. A. ARNDT (2003): Wal-Mart in Deutschland – eine verfehlte Internationalisierungsstrategie. Bremen: (= Materialien des Wissenschaftsschwerpunktes „Globalisierung der Weltwirtschaft an der Universität Bremen 25)

HAHN, B. U. M. POPP (2006): Handel ohne Grenzen. In: Berichte zur deutschen Landeskunde Bd. 80, H.2, S.135-156

KACZMAREK, T. (2009): Die globalen Marktführer des Einzelhandels – Wirkungsbereich und Standortstrategien. In: Kulke, E. u. K. Pätzold (Hrsg.): Internationalisierung im Einzelhandel. Unternehmensstrategien und Anpassungsmechanismen. Passau: (= Schriftenreihe des Arbeitskreises Geographische Handelsforschung in der Deutschen Gesellschaft für Geographie 15), S.11- 30

KPMG (2006): Trends im Handel 2010. Köln

KULKE, E. U. K. PÄTZOLD (Hrsg.): Internationalisierung im Einzelhandel. Unternehmensstrategien und Anpassungsmechanismen. In: KULKE, E. U. K. PÄTZOLD (Hrsg.): Internationalisierung im Einzelhandel. Unternehmensstrategien und Anpassungsmechanismen. Passau: (= Schriftenreihe des Arbeitskreises Geographische Handelsforschung in der Deutschen Gesellschaft für Geographie 15), S.7- 10

MATHEWS, J. U. I. ZANDER (2007): The international entrepreneurial dynamics of accelerated internationalisation. In: Journal of International Business Studies 38, S.387–403

METRO (2011): Handelslexikon. Daten. Fakten und Adressen zum Handel in Deutschland, Europa und der Welt. Düsseldorf

PERLITZ, M. (2004): Internationales Management. Stuttgart

PÜTZ, R. (1998): Einzelhandel im Transformationsprozess. Passau: (= Schriftenreihe des Arbeitskreises Geographische Handelsforschung in der Deutschen Gesellschaft für Geographie 15)

RAFF, H. ET AL. (2006): The choice of market entry mode: Greenfield Investment, M&A and joint venture. In: International Review of Economics 18, S. 3-10

SCHRÖDER, F. (1999): Einzelhandelslandschaften in Zeiten der Internationalisierung. Passau: (= Schriftenreihe des Arbeitskreises Geographische Handelsforschung in der Deutschen Gesellschaft für Geographie 15)

SCHWARZ, S. (2009): Muster erfolgreicher Internationalisierung von Handelsunternehmen. Trier

STATISTISCHES BUNDESAMT (2012): Volkswirtschaftliche Gesamtrechnungen. Private Konsumausgaben und Verfügbares Einkommen. Wiesbaden

STATISTISCHES BUNDESAMT (2010): Binnenhandel, Gastgewerbe, Tourismus 1994- 2009. Wiesbaden 2011

SWOBODA, B. U. T. FOSCHT (2012): Internationalisierung des Handels. Online unter: http://wirtschaftslexikon.gabler.de/Archiv/12891/internationalisierung-des-handels-v7.html (abgerufen am 26.04.2012)

SWOBODA, B. ET AL. (2009): Erfolgreiche Internationalisierungsstufen von KMU. In: Marketing Review St. Gallen, H. 3, S.10-15

SWOBODA, B. U. S. SCHWARZ (2006): Dynamic of the Internationalisation of European Retailing – From a National to a European Perspective. In: SCHOLZ, C. U. J. ZENTES (Hrsg.): Strategic Management – New Rules for Old Europe, S.159-200

TURBAN, M. U. J. WOLF (2008): Absatzbezogene Strategien der Internationalisierung des Lebensmittel-Discountmarkts bei Aldi und Lidl im Vergleich. Düsseldorf: (= Forschungsberichte des Fachbereichs Wirtschaft der Fachhochschule Düsseldorf 3)

WORTMANN, M. (2003) : Strukturwandel und Globalisierung des deutschen Einzelhandels, Discussion paper // Wissenschaftszentrum Berlin für Sozialforschung, Forschungsschwerpunkt Organisationen und Wissen, Abteilung Internationalisierung und Organisation. Online unter: http://hdl.handle.net/10419/48953 (abgerufen am 26.4.2012)